动物的生殖

撰文/胡妙芬　　　审订/杨健仁

中国盲文出版社

怎样使用《新视野学习百科》?

请带着好奇、快乐的心情，展开一趟丰富、有趣的学习旅程！

1 开始正式进入本书之前，请先戴上神奇的思考帽，从书名想一想，这本书可能会说些什么呢?

2 神奇的思考帽一共有6顶，每次戴上一顶，并根据帽子下的指示来动动脑。

3 接下来，进入目录，浏览一下，看看这本书的结构是什么，可以帮助你建立整体的概念。

4 现在，开始正式进行这本书的探索啰！本书共14个单元，循序渐进，系统地说明本书主要知识。

5 英语关键词：选取在日常生活中实用的相关英语单词，让你随时可以秀一下，也可以帮助上网找资料。

6 新视野学习单：各式各样的题目设计，帮助加深学习效果。

7 我想知道……：这本书也可以倒过来读呢！你可以从最后这个单元的各种问题，来学习本书的各种知识，让阅读和学习更有变化！

神奇的思考帽

客观地想一想

用直觉想一想

想一想优点

想一想缺点

想得越有创意越好

综合起来想一想

? 你知道哪些动物的生殖方式？

? 你觉得哪种动物生养下一代最辛苦？

? 动物为什么会发展出各种求偶方法？

? 动物生殖时，会有哪些竞争行为？

? 如果进行动物的基因转殖，你想结合哪两种动物的基因？

? 人类的哪些行为会影响动物的自然生殖？

目录

■神奇的思考帽

CONTENTS

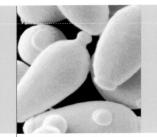

无性生殖

（图片提供/达志影像）

动物生殖的方式可分为：无性生殖和有性生殖；而无性生殖就是不需要精卵结合的生殖方式。

酵母菌出芽生殖：（1）细胞突出形成球形芽体；（2）母体供给养分，芽体逐渐成长；（3）相接处形成细胞壁，芽体和母体分离。（绘图/陈淑敏）

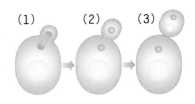

(1)　　　(2)　　　(3)

无性vs有性

地球上的生命繁衍方式，最先出现的是"无性生殖"，然后才是"有性生殖"。有性生殖的动物分为雄性和雌性，雄性会产生精子，雌性则产生卵子，必须精子与卵子结合形成"受精卵"，才能繁殖下一代。这是目前动物世界中最常见的生殖方式，不过地球上最早出现的原始生命形态——单细胞生物，是不分性别的。它们十分微小，构造也很简单，繁殖的个体和自己一模一样。无性生殖的优点是不需要耗费精力寻找配偶，而且子代的个体大，较能忍受环境变化及对抗天敌。但是因为子代很少出现变异，个体间没有差异，一旦环境发生巨变，无法适应时，很容易全军覆没。

酵母菌运用范围很广，除了酿酒，制作优酪乳时也会添加。酵母菌菌体在有氧的状态下能进行出芽生殖，产生新个体。（图片提供/达志影像）

一个酵母菌约可产生20个后代并可同时出芽。新形成的酵母菌与母体分离后，菌母上会留下痕迹。（图片提供/达志影像）

上图为纵分裂：单一个体朝两侧拉开，分离成两个新个体。
下图为横分裂：茎部出现横缢，由此处分裂为两个新个体。

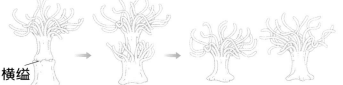

横缢

海葵的分裂生殖有两种方式，以分裂面为横向或纵向，区分为横分裂与纵分裂。（绘图／吴仪宽）

 ## 分裂生殖、出芽生殖与断裂生殖

　　无性生殖大部分出现在较原始的微生物身上。细菌、变形虫、草履虫或部分的单细胞生物进行"分裂生殖"，细胞内的核先复制、分裂为二，细胞膜也慢慢凹陷、然后一分为二，就"分裂"成了两个新个体。

　　酵母菌则有不同的无性生殖方式。在适合的环境条件下，酵母菌的细胞会像"发芽"一样，凸出形成球状的小芽，长成之后，芽体和原来的母体间会形成细胞壁，分隔开来，然后脱离母体形成较小的新个体，因此称为"出芽生殖"。水螅和有些种类的海葵虽是多细胞动物，但结构较为原始，也能够像酵母菌一样，进行出芽生殖。

　　涡虫、部分珊瑚等无脊椎动物则可进行"断裂生殖"：当个体断裂成几段时，每一小段都能发育成独立的个体。例如断裂的轴孔珊瑚，随水流散布到别处，也能再长成一株珊瑚。

海星的每一腕都有生殖腺、消化腔和水管系统，有些种类的海星可进行断裂生殖，每只断掉的腕都可长成一只完整的个体。（图片提供／达志影像）

水螅与九头蛇

　　水螅只由内外两层细胞组成，是一种原始的腔肠动物。它们不但能进行出芽生殖，当它们的触手断裂后，还能再生出新的触手来，因此水螅被取名为"Hydra"——希腊神话中的九头蛇。神话中的九头蛇是居住在沼泽中的大水蛇，因为经常吞吃来往的人和牲口而恶名昭彰；英雄海克力斯想要为民除害，但每砍下九头蛇的一个头，就会再长出一个，最后只好用火烧灼伤口，让它无法再生，才除去这个妖怪。

水螅的身体呈管状，上端为触手。出芽的芽体，初期由母体供应养分，几天后便能脱离。（图片提供／达志影像）

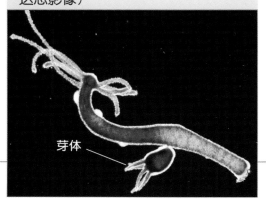

芽体

单元2

有性生殖

有性生殖的动物是精子与卵子结合后发育的个体，即使是同一对父母所生下的子代，也有许多不同之处。

有性生殖的减数分裂模式：
（1）细胞具有双套染色体，来自双亲；（2）染色体复制；（3）同源染色体配对并交换基因；（4）重组后的染色体分开；（5）第一次分裂；（6）第二次分裂，形成只具单套染色体的生殖细胞。

（制图/陈淑敏）

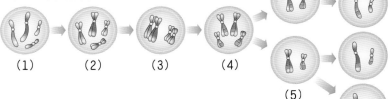

万中选一的受精大赛

雄性能产生数量庞大的精子，体积小、外形就像蝌蚪一般，摆动着鞭毛状的长尾巴迅速游向卵子。比较起来，卵子比精子大上许多，除了遗传物质之外，还包含能提供受精卵发育的营养物质，但是数量较精子少得多。精子和卵子都携带着"单套"的染色体，必须互相结合形成"受精卵"，才能形成"双套"的染色体，是成功发育成下一代的基本条件。每一个卵子只容许一个精子进入，其他千千万万的精子则会被淘汰出局。

有性生殖使亲代的遗传物质重新组合，因此有较大的变异性，对于演化来说，这样的子代比较能够适应不同的环境及其变化。

进行有性生殖的生物，虽然与亲代相似但不完全相同，使得物种更具适应环境变化的能力。图为灰狼。（图片提供/达志影像）

体内受精与体外受精

对动物而言，如何让精子和卵子相遇、结合，是顺利传宗接代的重要关键。有些动物会将精子和卵子排放到体外，让精子、卵子在水里或潮湿的环境里结合，称为"体外受精"，例如在水中生活的贝类、珊瑚、海胆等无脊椎动物，以及鱼类、两栖类等。相反的，昆虫、鸟类、爬行类以及哺乳类等动物的雄性必须利用输送精子的构造，在"交尾"或"交配"的过程中，把精子送进雌性的体内，称为"体内受精"。

变男变女变变变

有些无脊椎动物，例如蜗牛、蚯蚓，同时具有雌性和雄性的生殖器官，可以产生精子和卵子，称为"雌雄同体"。不过，它们必须寻找同伴，彼此受精，而不能自体受精。

有些鱼类在一生中会改变性别，称为"性转变"。例如我们常吃的石斑鱼，小时候为雌性，成长到5—9岁时，就会转变成雄性。有些性转变则会随环境等其他因素的改变而改变，例如黄鳝，当鱼群中的雄鱼死亡后，其中1只雌鱼会在几天内转变成雄鱼，取而代之。

蜗牛是雌雄同体的动物，但仍需经异体交配互相受精，约10日后产卵。生殖孔位于右触角后方。（图片提供/GFDL）

动手做生蛋鸡

材料：剪刀、橡皮筋、双脚钉、打洞器、双色卡纸、白纸几张（或扭蛋壳）　（制作/杨雅婷）

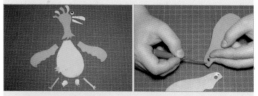

1. 生蛋鸡的分解图。
2. 将各部位用黏胶固定；用打洞器在翅膀上打洞，再用钻子各钻一个小洞。

生蛋鸡完成了！

3. 将翅膀与身体相叠再用双脚钉固定。
4. 橡皮筋穿过事先钻好的小洞，组装如右图；将白纸揉成球状或以扭蛋壳代替，将橡皮筋粘在蛋上。

珊瑚集体将卵子和精子释放到海水中。珊瑚的生殖方式为体外受精。（图片提供/达志影像）

孤雌生殖

（图片提供/达志影像）

大部分动物的卵子，如果没有与精子结合，就会老化凋亡。可是有些动物的卵子却能不经过受精，而直接发育成下一代，称为"孤雌生殖"。

快速繁殖的好方法

孤雌生殖在昆虫世界中并不少见，常见的蚂蚁、白蚁、蓟马、蜂和蚜虫都会进行孤雌生殖，不过在它们的生活周

进行孤雌生殖时，蚜虫是以卵胎生的方式产出子代。冬季来临前，以同样方式产下雄蚜虫进行交配，这时才会产卵。（图片提供/达志影像）

盲蛇体长不超过20厘米，又称蚯蚓蛇，栖息在阴暗潮湿的环境或土壤中，是目前发现唯一可进行孤雌生殖的蛇类。（摄影/向高世）

期中，某些时候也会正常受精。以蚜虫为例，夏天是植物的生长季节，适合蚜虫快速、大量的繁殖，此时雌蚜虫就不需要浪费时间寻找配偶，它可以自行生产下一代，而且下一代也全都是雌蚜虫，只要几天它们就具有了繁殖力，因此可以快速地形成一个大族群，占领有利的生存环境。到了秋末，蚜虫才会生下雄蚜虫，雌雄交配后产卵，让子代以卵的方式越冬。

一生一次的结婚飞行

蜜蜂的蜂后在蜂巢里专司产卵的重大责任，但它一生中其实只交配过一次。蜂后在长成后，会飞离原来的蜂巢，进行"婚飞"——和雄蜂追逐、交配，然后把接受到的精子储存在体内的一个小囊中，开始"白手起家"建筑自己的蜜蜂王国。蜂后可以控制储精囊的开关，当它打开时，卵则受精，孵育成雌蜂，也就是工蜂或新蜂后；相反的，当它关闭时，卵不经受精就会直接发育成雄蜂。

蜜蜂蜂后经孤雌生殖产下雄蜂，而工蜂（雌）和新蜂后则通过有性生殖产生。（图片提供/达志影像）

蜥蜴的女人国

科学家原以为高等的脊椎动物没有孤雌生殖的例子，但近二十几年来才发现，地球上至少有25种蜥蜴是孤雌生殖，例如新墨西哥鞭尾蜥或高加索石蜥。它们需要温度或与伪雄性的同类做出假交配行为，经刺激才能繁殖下一代，而生出的后代也全都是雌性。它们属于完全没有雄性的"全雌性动物"。这

沙漠草原鞭尾蜥。孤雌生殖的遗传变异远少于有性生殖，当环境变动不大时，这种生殖方式才具有优势。（图片提供/维基百科）

种独特的生殖方式有利于动物的延续与分布，特别能适应恶劣的环境。即使只有少数雌性被风、水或其他动物偶然带到新的环境中，也能繁殖形成新族群；或者当环境转坏、族群大量死亡时，即使只有少数雌性存活，也能再度繁殖新的一代。

遍布在亚洲各地的八重山蝎也是孤雌生殖，而且雌蝎会背着宝宝，照料它们直到它们第一次脱皮为止。（摄影/向高世）

卵生与卵胎生

（初生的仔鱼身上还携带着卵黄）

卵生动物和胎生动物最大的区别，就是前者以卵黄为营养来源，后者则以脐带吸收母体的营养。

卵的营养与保温

打开我们常吃的鸡蛋，会看到一个黄澄澄的蛋黄，这就是卵生动物胚胎发育所依赖的营养来源——卵黄；卵生动物的卵需要大量的卵黄，因此较胎生动物的卵大得多。有些动物例如鲑鱼，在孵化后还携带着一部分的卵黄，以提供幼

鸵鸟属一夫多妻制，雄鸟和位阶高的雌鸟拥有孵蛋权，雌鸟会将其他雌鸟的卵推出巢外，孵化的大多是它自己所生的。（图片提供/达志影像）

鱼早期生活所需的营养。

有些动物产卵后，必须保持适当的温度，胚胎才能正常发育。例如鸟类是恒温动物，能够以自己的体温孵蛋。至于变温动物，则靠环境的温度帮忙，例如爬行类中的蛇类、蜥蜴、龟鳖类等，主要是靠阳光的温度使卵孵化。有些蛇类会先将身体晒热，再盘卷在蛋上孵

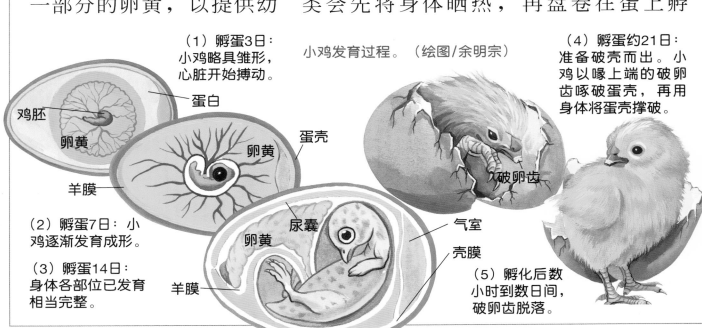

（1）孵蛋3日：小鸡略具雏形，心脏开始搏动。

鸡胚
卵黄
蛋白
羊膜

（2）孵蛋7日：小鸡逐渐发育成形。

（3）孵蛋14日：身体各部位已发育相当完整。

卵黄
蛋壳

小鸡发育过程。（绘图/余明宗）

卵黄
尿囊
羊膜
气室
壳膜

破卵齿

（4）孵蛋约21日：准备破壳而出。小鸡以喙上端的破卵齿啄破蛋壳，再用身体将蛋壳撑破。

（5）孵化后数小时到数日间，破卵齿脱落。

蛇类有卵生与卵胎生两种生殖方式。响尾蛇为卵胎生，每次生产不超过8只。（图片提供/达志影像）

卵；海龟则将卵掩埋在沙滩上，利用日光的温度让卵孵化；我国的扬子鳄会用枯枝草叶筑成巢窝，利用草叶腐败所产生的高温来孵卵。

某些鳄鱼会挖洞或用树叶、枯枝建造孵卵室。雌鳄鱼在卵孵化的过程中会在附近守候，这时攻击性特别强。（图片提供/达志影像）

冒牌的胎生动物

常见的孔雀鱼、大肚鱼，或部分的蛇类、鲨鱼等，受精卵留在母体内发育，孵化后才产出体外，因此常被误认为"胎生"。其实它们是卵胎生动物，胚胎依靠自身的卵黄发育，不像胎生动物直接吸收母体的营养。

一般的卵生动物将卵产到体外，很容易被天敌吃掉或感染疾病死亡，因此部分动物进化出卵胎生的繁殖优势，将受精卵留在体内保护，降低死亡率。

原产于南美洲的孔雀鱼，属卵胎生的鱼类，雌鱼于交配后3—4周产下小鱼。由于雌鱼能将精子暂存腹中，交配一次可生产约3—4次。（图片提供/廖泰基摄影工作室）

卵生妈妈冠军排行榜

胎生动物中多产的算是母猪，一胎能产8—12只小猪。但是这个纪录若和卵生动物相比，则变得微不足道。

单次产卵数量冠军：翻车鱼

翻车鱼1次可产下3亿颗卵。

1年内繁殖后代数量冠军：蚜虫

雌蚜虫不需交配就能繁殖下一代，而出生的幼虫只要四五天就具有繁殖能力，如此代代繁殖下去，如果都能存活的话，1只蚜虫妈妈在1年中繁殖的后代可以高达8吨重！

一生中产卵时间冠军：白蚁

白蚁蚁后在二三十年的生命中，几乎随时都在产卵，平均每2.88秒产下1颗卵，一天可产3万颗。

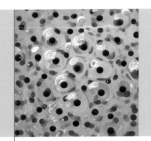

形形色色的卵

(蛙卵，图片提供/GFDL)

受精卵必须受到适当的保护才能顺利发育。为了适应各种环境，卵生动物的卵也各有不同。

保湿有方的无壳卵

精子必须在潮湿有水的环境中，才能用长尾巴游向卵子；而受精卵也必须在湿润的环境中发育。这对成天泡在水中的水生动物并不困难，但陆生动物就必须用胶质或蛋壳包住卵来"保湿"，以免太阳和风把水分蒸干。

青蛙、蝾螈等两栖

章鱼卵好像一串气球，雌章鱼会寸步不离地看顾并细心保持卵的清洁，约5个月后孵化。(图片提供/达志影像)

类动物的卵没有外壳，只有果冻般的胶状物质，如果长期暴露在干燥的环境中，还是会干涸而死，所以不能完全离水生活；有些蛙类像台北树蛙、白颔树蛙等能分泌特殊物质，由雌蛙的后脚"搅拌"成泡沫，把卵包在里面，泡沫的外层和空气接触后会变得比较硬，形成一层薄壳防止水分散失。

五花八门的蛋蛋世界

蛇、蜥蜴、鳄、龟等爬行类，是

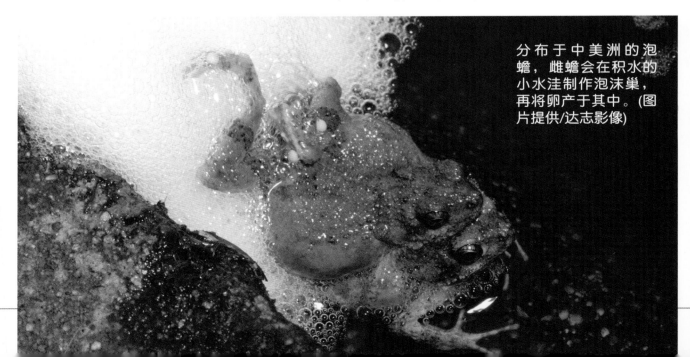

分布于中美洲的泡蟾，雌蟾会在积水的小水洼制作泡沫巢，再将卵产于其中。(图片提供/达志影像)

左图：蛇卵壳的质地类似皮革，幼蛇有临时性的破卵齿，以便破壳。图为拟珊瑚蛇。（图片提供/达志影像）

右图：草蛉将卵产在叶片或树皮上，卵的基部有一条丝柄。雌性草蛉平均每天可产约20颗卵，整个产卵期间约能产500多颗卵。（图片提供/达志影像）

真正成功登陆的脊椎动物，因为它们的卵已经出现外壳，能完全离水孵化。蛇类及大多数蜥蜴的卵壳摸起来像软软的皮革，其他

宽纹虎鲨的卵呈螺旋状，容易藏在岩缝中。（图片提供/维基百科）

爬行类则和鸟类一样，有着又硬又脆的外壳。不同鸟类的卵虽然大小不一、颜色各异，但形状都呈椭圆形，因为这种形状耐压的能力特强，不至于被孵蛋的亲鸟压破。

　　昆虫卵的材质或形状，各异其趣，以形状来说，有球形、椭圆形、扁半球、水瓶状、炮弹形等；以材质来说，螳螂和蟑螂卵的外面包有一层坚硬的卵鞘；寄生在人类头

蜂鸟蛋

最小的鸟蛋和最大的鸟蛋：蜂鸟和象鸟。象鸟目前已绝迹。根据化石来看，它的卵比鸵鸟卵足足大6倍。（图片提供/达志影像）

发上的头虱卵，基部有胶状物质能紧黏着发丝；草蛉的卵下方有一根丝状长柄，可黏在叶片上。

鸡蛋的秘密

　　蛋壳很脆弱，一不小心就会敲破，那么鸡蛋在母鸡肚子里难道不会破掉吗？其实，有时候我们吃整只母鸡时，会看到母鸡体内有些大大小小的蛋黄，就像一串金黄葡萄般的生长在一起，却没看到蛋白与蛋壳。原来，蛋白和蛋壳是在生蛋过程中才加上去的。当蛋黄在输卵管中缓慢前进、准备排出时，管壁会分泌蛋白，一层层的包裹在蛋黄外面，再由卵壳腺分泌蛋壳的成分，使钙质的结晶逐渐堆积在上头，这才形成了石灰化的蛋壳。

（长颈鹿）

胎生

和卵生动物比起来，胎生动物的受精卵非常小，卵黄也少，只能在胎儿早期还无法直接吸收母体营养时，提供养分。

胎儿与母亲的桥梁

卵生动物的卵产在体外，有些还需要刻意保持温暖；胎生动物的胚胎则留在子宫温暖的羊水中发育，以脐带与母体的胎盘相连。胎盘附着在子宫壁

角马奋力将仔兽从产道挤出，仔兽以头前脚后的姿态出生。雌角马生产后会将胎衣吃下。（图片提供/达志影像）

上，是母亲和胎儿交换物质的器官。妈妈和胎儿的血液在各自的封闭管道内循环，互不相混，但可在胎盘巧妙地交换物质。

脐带中具有动脉和静脉，就像来往两地的交通运输系统，脐动脉将来自母体的养分和氧气输送给胎儿，脐静脉则将胎儿产生的二氧化碳和代谢废物送到胎盘，交由母体排除。

在现今的地球上，哺乳动物中只有鸭嘴兽和针鼹是卵生的，其余的都属于胎生动物。所有的哺乳动物都会分泌乳汁喂养幼儿。

哺乳类以外的胎生动物

一般所说的"胎生动物"，是指具

哺乳动物的受精卵在母亲的子宫里吸收母体的养分发育。雌马怀孕期约11个月，期间仔马依赖胎盘、脐带从母体获取养分，出生后不久就可自由行动。（绘图/余明宗）

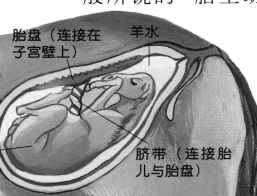

胎盘（连接在子宫壁上）　羊水
子宫
仔马
脐带（连接胎儿与胎盘）

左图：有袋动物的胎盘不发达，怀孕期较短，图中雌负子鼠怀孕约仅12天，宝宝未能完全发育，必须在育儿袋内待上一段时间。（图片提供/达志影像）

右图：加州海狮生活在太平洋沿岸，雌海狮怀胎12个月，通常1胎仅产1子，由雌海狮照料。（图片提供/达志影像）

有脐带和胎盘的哺乳动物；但是有些动物不具有真正的胎盘和脐带，却可以直接供应营养给胎儿，也算符合胎生的条件。例如非洲有3种胎生蟾蜍，和其他蛙类非常不同，不但能进行体内受精，雌蛙的输卵管末端还形成类似子宫和胎盘的构造，蝌蚪就留在此处发育，靠母亲输卵管的分泌物为食物；9个月后，雌蟾蜍会将小蟾蜍挤出体外。

中国古代曾将鲨鱼称为"胎鱼"，那是因为除了卵生和卵胎生之外，也有不少种类的鲨鱼为胎生，例如灰貂鲛、丫髻鲛、柠檬鲨等。它们的输卵管演化成类似子宫的构造，而卵黄膜则形成"卵黄胎盘"，可以将母体的营养直接供给胎儿。

丫髻鲛（双髻鲨）是少数行胎生的鲨鱼，每胎约可产下20—40只幼鲨，外形十分独特。（图片提供/达志影像）

超级巨婴

鲸是哺乳类，以胎生方式繁殖，其中的蓝鲸是目前世界上最大的动物，初生的蓝鲸宝宝自然是超级巨婴。

	人类宝宝	蓝鲸宝宝
出生体重	约3千克	约8,000千克（约1.3只成年大象的重量）
出生身长	约52厘米	约8米（约3只成年大象的总长度）
如何喝奶	用力吸吮	雌鲸的乳头会产生强大的压力，将乳汁喷入幼鲸的口中。压力之大，可以垂直喷到2米的高空。
乳汁营养	脂肪含量4.4%　蛋白质含量1%	脂肪含量42%　蛋白质含量12%
增加体重	平均每天24克	平均每天80千克

求偶装备

有性生殖的动物在繁殖季来临时，都要面临一项挑战：它们必须耗费精力、寻找伴侣才能繁殖下一代。在求偶过程中，它们运用各种方式与同性竞争，希望博得异性的青睐，但也有引来天敌注意的风险。

上图：为了能在黑夜中寻找到雌性释放的信息素，雄月型天蚕蛾有特别发达呈栉齿状的触角。（图片提供/达志影像）

左图：象鼻海豹因雄性具有类似大象的鼻子而得名。繁殖期间，雄性会向竞争对手吼叫，而鼻部也较平常更肿胀。（图片提供/达志影像）

粉墨登场

在以绿色、褐色为主的大自然背景中，鲜艳的色彩特别引人注意，也是许多动物用来吸引配偶的方式。马口鱼、鲑鱼和其他许多鱼类在繁殖季前，体色会变成鲜艳的色彩，称为"婚姻色"；雄性的鸟类为了吸引雌鸟，会褪下朴素、具保护色的冬羽，换上鲜艳的"繁殖羽"；雌性的黑猩猩和猕猴进入发情期时，臀部会明显的肿胀、变红，向大家宣告发情的信息。

气味撩人

和改变色彩比起来，利用气味可以

哺乳动物的发情期

你听过母猫发情时的"叫春"声吗？是出现在哪个季节呢？一般哺乳类动物都有固定的发情期。雌性动物只有在发情期才会排卵，以及产生和雄性动物进行交配的冲动。各种哺乳动物的发情周期不同，有的1年发情1次，有的1年发情3—4次。大部分的啮齿目如鼠类的发情周期则非常频繁，因此繁殖速度很快。

分布在亚洲东北部、北美西北部一带的红鲑，进入繁殖期后体色大幅改变呈现鲜红色。（图片提供/达志影像）

将求偶的信息散布得更远，也比较不会引起天敌的注意，因此居住在平坦广阔地区的动物，或者难以辨识颜色的夜行性动物，经常以气味来吸引异性。许多动物在求偶期会分泌微量具有特殊气味的"信息素"，随着空气向外散布，就能被远处的异性侦测到。例如，雄蚕蛾的触角上约有17,000根接收气味的嗅毛，可以嗅到远在几公里外的雌蛾气味。

翠鸟是一种在欧亚非洲常见的鸟类。交配之前雌雄双方会彼此赠送礼物（鱼），日后也会共同孵卵照顾雏鸟。（图片提供/达志影像）

 ## 动物界的实用主义者

有些动物并不在意外表的美丽或气味，反而向异性展示筑巢或觅食的能力，以证明自己具有优良基因以及照顾后代的实力。雄性的台北树蛙为了吸引雌蛙，会预先寻找具有小水池的土坑，好让蛙卵孵化后的小蝌蚪能在里面生活；非洲织巢鸟也会编织鸟巢，吸引雌鸟前来配对。许多雄性的鸟类或昆虫也会在交配前，寻找小蛇、昆虫，或吐出食团"送"给雌性作为赠礼；礼物送得越丰富，成功交配的机会就越大，准妈妈也可以趁这个机会补充营养，为将来的怀孕做准备。

雄园丁鸟会以细枝建筑爱巢，并且以色彩鲜艳的羽毛、花朵等加以装饰，借此吸引雌鸟交配。（图片提供/达志影像）

求偶行为

（丹顶鹤）

当动物的生殖器官成熟，并且将自己求偶的装扮、道具准备妥当，便积极展开五花八门的求偶仪式，演出大自然界最热闹的生命戏码。

许多雄蛙都会以鸣叫的方式吸引雌蛙，而每种蛙各有独特的叫声，雌蛙便能依此找到同类配偶。图为非洲苇蛙。（图片提供/达志影像）

 情歌对唱

从初春开始，虫鸣、鸟叫以及蛙鸣，都是为了召唤异性的求偶叫声。声音能够穿越障碍物、传送到远方，是居住在浓密的森林、草丛间，生性隐秘的动物常用的求偶方式。

鸟类在繁殖季刚开始时，雄鸟就会尽力演唱，雌鸟根据雄鸟歌唱的音量及优劣来选择对象。如果一直没有吸引到配偶，雄鸟就会唱个不停，直到繁殖季结束。

雄蛙的鸣叫和鸟类有异曲同工之妙，它们喉部的鸣囊在鸣叫时膨大鼓起，就像麦克风似的帮助声音扩大，让求偶的信息传到更远的地方。

两只雄军舰鸟正鼓起它们气球般的深红色喉囊向雌鸟示爱。（图片提供/达志影像）

蓝脚鲣鸟分布于美国南加州到秘鲁的太平洋沿岸。它的脚有着漂亮的蓝色，跳求偶舞时可吸引异性。（图片提供/达志影像）

 爱的双人舞

许多动物在求偶时会表演特殊而且固定的舞蹈动作，例如，雄鸵鸟会屈蹲对着雌鸟、快速地挥动双翅，仿佛跳着求偶舞；有些种类的雄蝾螈或雄鱼会缠绕着雌性并加以碰触，刺激雌性配对的欲望。

求偶仪式并非随兴编造，而是经由遗传而来，目的在于选择优良基因，而同一种动物展示的求偶行为是一样的，可以和别种生物区别，并让雌雄双方确认彼此是同种。

锹形虫具有强壮的大颚，雄性以此为武器相互打斗，争取雌性青睐。（图片提供/达志影像）

 动物的雄性暴力

不少动物的求偶行为是以暴力取胜，例如锹形虫、海象、鹿或公鸡等。雄性之间进行剧烈的打斗，雌性则在一旁观战，最后和胜利的一方进行交配。这类生物的雄性常会配备特殊的打斗武器，像是锹形虫的大颚、海象的长牙、鹿的角或公鸡的距等。

另外，有些种类的雄性是以力量逼迫雌性就范，例如有些公猴会威吓想要拒绝、逃跑的母猴；雄斗鱼在交配前也可能把雌鱼咬得遍体鳞伤。

狮子王的残婴行为

小狮子从出生到至少一岁半之前，都会受到母狮全心全力的照顾。母狮在这段期间因为喂哺母乳，所以不会发情，也无法怀孕。此时，如果有新来的雄狮将原有的狮王驱逐，便会在入主狮群的头一两天内，杀害母狮身边的小狮子，好让母狮马上结束泌乳，进入发情期，尽快生产新狮王的骨肉。

雄红鹿在发情期时，会以鹿角互顶，进行交配权的争夺战。获胜的雄鹿得以与雌鹿交配。（图片提供/达志影像）

配对系统

（天鹅）

在同一个繁殖季里，许多动物没有特定的交配对象，而是自由地和许多异性交配，称为"混交"；但也有不少种类为了争取繁殖优势，进化出特殊的配对系统。

忠实好伴侣：一夫一妻制

"一夫一妻制"是指在一个繁殖季内，一只雌性和一只雄性交配，繁殖下一代。高达90%的鸟类采用此制，主要是因为单凭雄鸟或雌鸟无法独立抚养下一代；晚熟型的幼鸟出生后，无法自行

鸳鸯是动物界少数终生单一伴侣的动物，因此人们常以装饰有鸳鸯图案的物品赠与新婚夫妇。（图片提供／达志影像）

觅食，甚至需要亲鸟帮忙维持合适的温度，因此，双亲中的一个留在巢里孵卵或育雏，另一方出外寻找食物，一起分担育儿重任，直到幼鸟能独立为止。虽然多数鸟类为一夫一妻制，但在不同年分的繁殖季却可能有不同的配偶；只有少数具有终生的配对关系，像是帝企鹅、鸳鸯等。

风流丈夫韵事多：一夫多妻制

许多早熟型的鸟类如孔雀、鸵鸟等，则采用"一夫多妻制"。在一个繁殖季内，一只雄鸟会陆续和好几只雌鸟交配。这些鸟

灰狐又称为树狐，倾向一夫一妻制。它们在春季交配，约53日后产下仔兽，一胎约可产1—7只。（图片提供／达志影像）

类的幼鸟属于早熟型，一生下来很快就能跟随雌鸟出外觅食，雄鸟则担任防卫领域的责任，并在领域内寻找另一个交配机会。

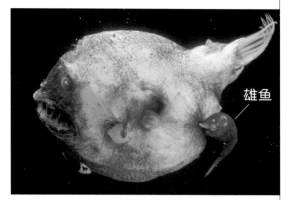

雄鱼

生活在深海中的鮟鱇鱼，不容易遇见配偶，因此瘦小的雄鱼一遇见雌鱼，便吸附在它身上。（图片提供／达志影像）

大部分哺乳动物也是如此。因为雌性的哺乳动物能够分泌乳汁，几乎一手包办抚养后代的责任，雄性大多在交配之后离开，继续寻找配偶。少数

鬼狒属一夫多妻制，雄性以打斗划分阶级，阶级高者拥有交配权。（图片提供／达志影像）

种类像海象或狮子等的雄性会留下来保护后代，是为了独占一整群雌性的交配权，类似古代帝王的后宫。

一妻多夫与混交制

在动物世界中，"一妻多夫制"是比较少见的，几乎只出现在某些鸟类、鱼类、蛙类和极少数的哺乳动物。例如，有些鱼类为了增加精子、卵子在水中受精的机会，会由好几只雄鱼同时为一只雌鱼产下的卵受精；而一妻多夫制的鸟类，像是彩鹬或水雉的雌鸟在交配、产卵后，便把孵卵、育幼的工作交由雄鸟负责，自己又去寻找其他雄鸟，但仍会在领域逡巡，防止外鸟入侵。混交制的动物如东非狒狒、黑猩猩等，混交的结果可减少雄性伤害幼兽的行为。

人类也有"一妻多夫"

当今大部分的人类社会通行"一夫一妻"的婚姻制度，少数的非洲国家或回教世界则和古老的中国一样，三妻四妾不足为奇。然而特别的是，我国藏族的牧区至今仍流传"一妻多夫"的制度，由几个兄弟共娶一位女子为妻。由于兄弟不分家，家业便不会愈分愈小，也不会因为分家而导致人手不足。

彩鹬属一妻多夫制的鸟类。雌性羽色光鲜，而雄性需负责孵卵与育雏，所以羽色暗淡、具保护色功能。（摄影／薛光雄）

生而不顾

（小海龟）

除了鸟类之外，大部分的卵生动物都不照顾后代，所以后代的死亡率很高。例如鲑鱼一次产下2,000颗卵，却平均只有两条幼鱼能顺利长大、重回出生地繁殖下一代！

雌海龟产卵后便离开，孵化后的小海龟独自由沙滩爬入海中，途中有海鸟等动物伺机捕食，只有最幸运与最强壮的才能存活下来。（图片提供／达志影像）

 ## 自求多福

卵生动物如鱼类、昆虫、软体动物、两栖类、爬行类等，通常只生而不照顾，它们的幼儿孵化后必须靠本能觅食、躲避敌害，一切自求多福。在这样的成长过程中，能存活下来的子代只是少数，所以这些动物的产卵数量都很大，用数量来弥补损耗。

亲代的遗荫

不过，并非所有的卵生动物都对后代完全弃之不顾。它们在离开前，会为子代准备食物。例如，蝴蝶会将卵产在食草上，当毛毛虫一孵化，脚下就有食物；埋

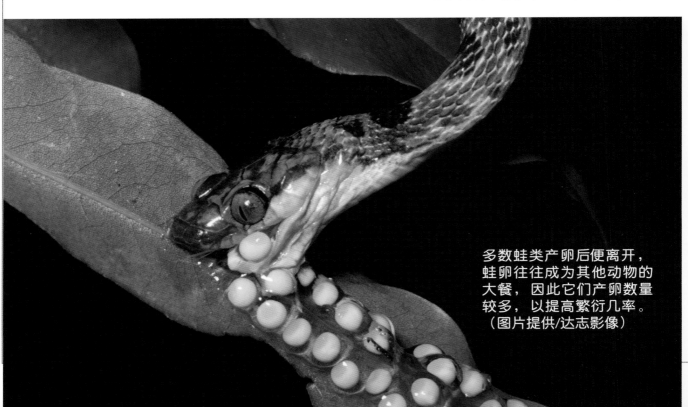

多数蛙类产卵后便离开，蛙卵往往成为其他动物的大餐，因此它们产卵数量较多，以提高繁衍几率。（图片提供／达志影像）

丽蝇是常见的家蝇。雌蝇将卵产在腐败的肉块上，让幼虫一孵化就有大餐享用。（图片提供/达志影像）

葬虫会将青蛙、鸟、蛇或鼠类等小动物的尸体埋入地下，作为幼虫孵化后的食物来源。

　　另外，有些动物虽然没有为子代直接准备食物，但也间接提高它们的生存机会。例如，有些蜘蛛、螳螂交配后，雄虫会牺牲自己让雌虫吃掉，作为孕育下一代的营养。

燕灰蝶幼虫分泌出特殊的液体，吸引蚂蚁前来。为了获取这种特殊的汁液，蚂蚁会主动照料幼虫。（图片提供/达志影像）

鳄鱼也有温柔的母爱

　　人们对鳄鱼的印象是冷酷、凶悍的水中杀手，其实它们也有温柔的护卵行为。雌鳄鱼在岸上产完卵后，会留在附近守护，直到3个月后孵化为止。小鳄鱼即将孵化时，会发出唧唧的声音，雌鳄鱼听到后，会赶来将稚嫩的小生命温柔地含在嘴里，护送到水中。

初生的鳄鱼是其他肉食动物觊觎的猎物，虽已有觅食能力，但雌鳄鱼仍随时留意它的安全。（图片提供/达志影像）

寄生的杜鹃一旦孵化，便会拱起背，将"养母"的卵、甚至是雏鸟推落鸟巢，以便让"养母"全力喂养它。（图片提供/达志影像）

 ## 寻找寄养家庭

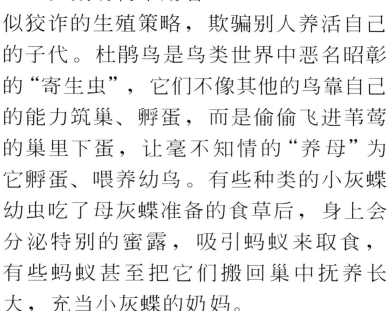

　　少数动物采用看似狡诈的生殖策略，欺骗别人养活自己的子代。杜鹃鸟是鸟类世界中恶名昭彰的"寄生虫"，它们不像其他的鸟靠自己的能力筑巢、孵蛋，而是偷偷飞进苇莺的巢里下蛋，让毫不知情的"养母"为它孵蛋、喂养幼鸟。有些种类的小灰蝶幼虫吃了母灰蝶准备的食草后，身上会分泌特别的蜜露，吸引蚂蚁来取食，有些蚂蚁甚至把它们搬回巢中抚养长大，充当小灰蝶的奶妈。

单亲育幼

（海豹哺乳）

在动物界，大多数的鸟类和哺乳类会照顾自己的幼儿，不过哺乳类大都只由雌性负责育儿。

哺乳类的单亲妈妈

绝大部分哺乳类的雄性，和雌性交配后，就会继续去寻找新欢，好为自己留下较多的后代，只有雌性独自育儿。母兽生产后，能分泌乳汁来哺育幼儿，稚嫩的幼儿便留在母亲身

南美洲的雄达尔文蛙，将蝌蚪放进嘴中直到长成小蛙为止，以提高子代的生存几率。（图片提供/达志影像）

边，不必冒险出外觅食，因此大大提高了存活机会。

在这种单亲家庭中，哺乳类的宝宝几乎没见过父亲，但对母亲的依赖程度则可说是片刻不离，甚至连母亲死亡也不离开。例如在北极地区，许多精明的猎人都知道，如果想毫发无伤地活捉小北极熊，只要射杀母熊，到时小熊便会守在倒地不起的母熊身边，不会逃开。

雌北极熊在冬季产下幼熊并独立抚养。初生的幼熊由母亲哺乳，约5个月大可摄取固体食物，但在2—3岁才断奶。（图片提供/达志影像）

		袋鼠宝宝使用育儿袋的时间约达1年，即使后来它已能离开育儿袋在母袋鼠附近活动，但一有风吹草动仍会马上躲进育儿袋。（绘图/吴仪宽）
小袋鼠先将头部塞进育儿袋	在袋里转身	头探出袋口，头下脚上

稀有的模范父亲

在动物界里，照顾子女的多半是雌性。不过，少数卵生动物的雄性却演化出独特的护幼行为。例如，雌达尔文蛙把卵产在湿润的地面后，雄蛙会在旁边保护它们，经过二三周之后，蛙卵孵化成小蝌蚪，雄蛙就会小心地把小蝌蚪"含"在口中，让它们在自己的鸣囊里安全成长，等到小蝌蚪变态成为小蛙之后，再把它们"吐"出来。在这段时间内，雄蛙不但不能鸣叫，肚子饿了更不能吃东西，但是它们的牺牲却能换来下一代安全的成长！

海龙科的鱼类多由雄性负责孵育子代。雌海马会将约50—60颗的卵产在雄性的育儿袋内，小海马依赖卵的养分成长孵化，从雄鱼鼓胀的腹部游出。（图片提供/达志影像）

有袋子的妈妈

袋鼠、无尾熊、袋鼯等有袋动物，是一群比较原始的哺乳动物，它们的胎盘还没有进化完全，无法像后来出现的胎盘动物一样让胎儿留在体内发育成熟。有袋动物的胎儿都是"早产儿"，往往只长到几厘米大就被生出体外，再爬进母亲腹部的育儿袋中继续发育。育儿袋内有乳头，可以提供乳汁以及温暖、安全的生长环境。不过对于母袋鼠来说，小袋鼠使用育儿袋的时间可长达1年，它得带着重量不轻的小袋鼠跳跃，可真辛苦！

生活在水中的负子虫，是由雄虫负责孵卵。雌虫将卵产在雄虫的背上，雄虫就背着虫卵直到孵化。（图片提供/达志影像）

共同育幼

（颊带企鹅孵卵）

和哺乳类比较，大多数鸟类无法独自育儿，而必须夫妻分工合作，才能顺利将幼鸟养大。有些动物甚至组成"育幼群"，共同照顾下一代，利己又利人。

家事繁忙的爱巢

大多数晚熟型的鸟类，由雄鸟和雌鸟共同抚养下一代，是令人称羡的"双亲家庭"。哺乳类和鸟类都属于恒温动物，也都会照顾后代；但是哺乳类会分泌乳汁，鸟类不会，必须离巢觅食才能喂养幼鸟。但是，正在孵卵或为幼鸟保温的亲鸟一旦离开，鸟蛋或幼鸟很可能就会失温而死，亲鸟分身乏术，无

由成年雌抹香鲸组成的育幼群体大小不一，包含幼鲸与未成年的雄鲸，数量可能多达50只。母亲授乳，其他雌鲸会分摊照料与保护的责任。（图片提供/达志影像）

哥哥姐姐来帮忙

全世界大约有300种鸟采取"合作生殖"的繁殖策略，著名的台湾蓝鹊也是其一。通常，一对繁殖中的台湾蓝鹊会有其他的"巢边帮手"，这些帮手有的是已经由亲鸟抚育长大的哥哥姐姐，有的则是具有亲缘关系的亲戚。它们本身虽然不产卵繁殖，却分担筑巢、孵蛋、寻觅食物以及喂食幼鸟、赶跑外敌等"家事"，一来可以磨练养育幼鸟的技巧，二来如果亲鸟不幸死亡，也能继承现有的巢位。

我国台湾有种冠羽画眉合作生殖的方法则略有不同。当繁殖季开始，2—4对亲鸟会共筑一个鸟巢，把蛋生在一起，共同分担孵蛋、育幼的责任，以提高繁殖成功的几率。

法兼顾外出觅食和在家照顾的工作，因此必须通过双方分工，才能完成育幼的任务。

婆婆妈妈育幼群

有些哺乳动物演化出群体育幼的习性，由多位雌性组成"育幼群"，彼此学习、照顾或抵御外

母象的怀孕期长达22个月。在这漫长期间，其他母象会适时提供协助，陪伴母象生产，最后还帮宝宝清洁身体。（图片提供/达志影像）

敌。例如，在许多大型鲸的育幼群中，除了生母之外，还有不少"阿姨"或"奶奶"帮忙照顾幼鲸。当幼鲸生病时，它们会帮助虚弱的幼鲸浮到海面上呼吸。象群也以最年长、经验最丰富的母象为领导，组成育幼群；大象的哺乳期长达3年，育幼群的长辈会协助母象管教小象，让它学会群体生活的纪律，雌象长大后留在群体内，雄象则会离开。

原产于南美洲的七彩神仙鱼，无论雌雄，在身体的两侧都能分泌出一种黏液，仔鱼初期便以此为食物，直到能自行觅食为止。（图片提供/达志影像）

阿德利企鹅每年回到固定地点繁殖。一胎通常生两颗蛋，由亲鸟轮流孵蛋。企鹅宝宝稍长，食量增大，父母都要外出觅食，便将宝宝托给群体中尚未生育的成年企鹅照顾。

白蚁后和蚁王产下第一代工蚁后，便逐步将养育工作交给工蚁，专心产卵。由于卵巢发育，白蚁后的体形日渐肥大，全盛期一日可产下约3万颗卵。（绘图/余首慧）

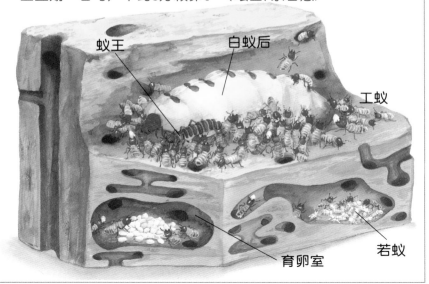

蚁王　白蚁后　工蚁　育卵室　若蚁

生殖的自然竞争

（图片提供/达志影像）

在大自然中，生存是一场严酷的竞争；传宗接代这件大事自然也不例外，动物不但希望获得比较具有竞争力的配偶，有时候也让竞争力较弱的后代自然淘汰。

在生存环境极为严苛的北极，群居生活的北极狼有时只有一对雄、雌狼会有生殖行为，而群居生活的成员会协助喂养与照料幼狼。（图片提供/达志影像）

竞争交配的优先权

许多群居性的动物具有"社会阶级"制度，例如猿猴、狼等。雄性在打斗、展示中，获胜的便可以取得领导地位，除了具有优先取食的权力外，也拥有优先交配的权力，使它留下数量较多的后代。群体成员之间竞争、打斗的激烈程度，往往和交配机会的大小有关。例如雄海象如果在竞争中获胜，就可以独占四五十头雌海象，繁衍众多后代；相反的，落败的雄海象几乎完全没有繁殖的机会。由于输赢的结果落差太大，所以打斗的过程非常惨烈，不但流血受伤，还经常造成死亡。

海狗大家庭是由一只强壮且体形庞大的雄海狗与多只雌海狗组成。雄海狗通过打斗等方式来竞争交配权，落败者便无法组织家庭，无法将自己的基因传递下去。（图片提供/达志影像）

熊猫一胎约生1—2只宝宝，宝宝体形极小，约100克。由于熊猫宝宝的发育缓慢，母熊猫通常只能育成一只个体。（图片提供/达志影像）

家中也有竞技场

有些生殖的竞争不只发生在成年以后，也发生在童年时期。动物一胎能产下好几只子代，但是父母可以提供的食物或其他资源，却不一定足够。为了顺利成长，许多动物表现出攻击手足的本性，以独占食物或其他资源。例如，白鹭的幼鸟，会趁亲鸟外出找食物时，以大欺小，攻击较弱小的同胞手足，甚至把它挤出巢外，坠地死亡；大白鲨、狐鲨还在母鲨的子宫内时，比较强壮的胎儿会吃掉比较弱小的同胞，或是没有受精的卵。这些"同类相残"看似恐怖，最终目的还是为了竞争食物资源；而父母也不会刻意防止手足间的残酷斗争，因为这场竞争能淘汰体弱多病的后代，让强壮、健康而富有竞争力的基因遗传下去。

螳螂是肉食性昆虫，初生的螳螂由于食物有限且亟需营养，往往会出现手足互食的现象。（图片提供/达志影像）

肥水不流外人田

许多人饲养宠物时，会目睹宠物吃掉亲生子女的残忍画面。其实背后隐藏的竟是"节约能源"的问题！

猫、兔、鼠类或某些哺乳类的母亲，在闻到陌生动物的气味入侵时，有时会吃掉自己的幼仔。科学家认为，它们可能预料幼仔没有存活的机会，与其被别人吃掉，不如自己先吃，因为在大自然中食物很珍贵。

母猫也可能把生病或畸形的幼猫吃掉；部分蛇类也能挑出自己卵窝中无法顺利孵化的卵，吞而食之。吃掉这些无法成长或孵化的子女，一来可以不浪费食物，二来可以不用再浪费精力照顾它们。

白鹭的幼鸟会攻击手足中最弱小的，甚至将它逐出巢外，以便从亲鸟处分到更多食物。图为新大陆白鹭。（图片提供/维基百科）

生物科技与动物生殖

（图片提供/达志影像）

动物的生殖是繁衍后代的本性，人类却发展出培育或复制特定品种的科技，干预家禽、家畜的自然繁殖。

育种

为了满足人类不同的需求，人们不断利用"育种"技术培育出特定品种的家禽、家畜或宠物。早期人们从家禽、家畜的自然变异中，选出所要的性状，例如高瘦肉率的猪，高泌乳量的乳牛。到了近代，由于遗传学的理论和技术进一步发展，人们可以利用人工受精等方式，让不同性状的个体杂交，促使动物的后代产生变异，再从中选种，进行近亲繁殖，经过数代选拔之后，慢慢成为新的品系。

人类从养狗开始至今，已培育出约400多个品种。（图片提供/达志影像）

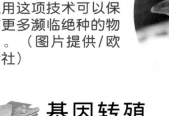

使用冷冻精子培育出的金鹰。科学家希望运用这项技术可以保存更多濒临绝种的物种。（图片提供/欧新社）

基因转殖

"基因转殖"是一种新发展的技术，就是把甲生物细胞内的某一段基因

图中这种粪金龟的蛹是泰国广受喜爱的美食，而近年来它在日本等地的宠物市场也很受欢迎。泰国科学家因此研究出一套人工培育养殖的技术。（图片提供/欧新社）

移植到另一种乙生物的细胞内，让乙生物表现出此基因的特质。人类也能利用这种技术，培育出为人类生产药物的动物，例如将能够产生凝血蛋白的人类基因转殖到猪的基因中，猪的乳汁就会合成人类的凝血蛋白，人们只要抽取猪的乳汁就能萃取凝血蛋白，供无法凝血的血友病患者使用。

右图：克隆羊多利是人类首次成功以生物科技克隆的哺乳动物。（图片提供／欧新社）

巴西科学家成功地利用基因转殖的技术，让一头乳牛的牛乳产生医疗效力，由它的细胞所克隆的子代也具备相同的基因。（图片提供／欧新社）

多利羊的故事

1996年克隆羊多利出生，对全世界来说是个令人震惊又兴奋的消息。多利的诞生，一方面证明科学家已具有克隆动物的能力，另一方面人们也担忧克隆动物将会产生后遗症。两年后多利通过自然受孕、分娩，产下了小羊"邦妮"，证实克隆动物也具有正常的生殖能力。但是这个克隆科技的最佳见证，却在5岁之后陆续传出罹患关节炎、提早衰老等症状，2003年多利罹患了肺癌，科学家决定让它安乐死，当时多利年仅6岁。多利的一生比起它的同类约短了一半，虽然有人推测这可能是因为多利的基因是取自一只6岁的雌羊乳腺细胞所导致，也许从更年轻的羊身上取得基因便不会产生这样的问题。但无论如何，多利的故事让我们了解克隆动物的复杂度远超过人类想象，而人类应该要以更严肃的态度，小心使用这项科技。

克隆一个"它"

克隆动物不是来自精子和卵子的结合，而是以体细胞作为遗传基因的来源，植入同种动物、事先除去细胞核的受精卵，再利用电击或其他人工方式，诱导它分裂、发育，形成一个能够顺利成长的胚胎，长成的个体具有和提供基因的动物完全一样的基因，就像"复制品"一样。

这种克隆技术目前还在起步阶段，不过这样的克隆行为，在某种程度上违反了自然，问题尚多，人类应该要更谨慎地运用这项技术。

英语关键词

生殖　reproduction

无性生殖　asexual reproduction

有性生殖　sexual reproduction

孤雌生殖　parthe nogenesis

再生　regeneration

雄　male

雌　female

性转变　sexual transformation

发情期　oestrus

繁殖季　breeding season

繁殖羽　breeding plumage

求偶　courtship

求偶仪式　ritual

配偶　mate

信息素　sex pheromone

配对系统　mating system

一夫一妻制　monogamy

一夫多妻制　polygyny

一妻多夫制　polyandry

混交制的　promiscuous

近亲繁殖　inbreeding

受精　fertilization

精细胞　sperm cell

卵细胞　egg cell

产卵　egg laying

孵蛋　egg incubation

胎生的　viviparous

脐带　umbilical cord

胎盘　placenta

卵胎生的　ovoviviparous

卵生的　oviparous

卵黄　yolk

蛋白　egg white

蛋壳　egg shell

产子	give birth
养育	nurturance
亲代	parental generation
子代	offspring
同胞手足	sibling
合作生殖	cooperative breeding
无尾熊	koala
北极熊	polar bear
蓝鲸	blue whale
马	horse
蝙蝠	bat
帝企鹅	king penguin
杜鹃鸟	cuckoo
负子虫	water bug
萤火虫	firefly
蚜虫	aphid
蛾	moth

蟾蜍	toad
树蛙	tree frog
蛇	snake
蜥蜴	lizard
鳄鱼	crocodile
鲨鱼	shark
海马	sea horse
蚯蚓	earthworm
海星	sea star
海葵	anemone
水螅	hydra
酵母菌	yeast
克隆动物	cloned animal
基因	gene
基因转殖动物	transgenic animal
育种	breeding

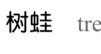

新视野学习单

1 连连看。下列动物是以哪种方式生殖?

水螅·　　　　　·有性生殖

蚜虫·

蜗牛·　　　　　·无性生殖

新墨西哥鞭尾蜥·

蓟马·　　　　　·孤雌生殖

（答案见06—11页）

2 下列关于动物的生殖行为，对的打○，错的打×。

（　）无性生殖是地球上最早出现的生命繁衍方式。

（　）酵母菌的出芽生殖，属于一种无性生殖的行为。

（　）有性生殖可分为体外受精与体内受精两种方式。

（　）有性生殖的动物是由精子与卵子结合后发育的个体。

（　）蚜虫只会无性生殖，不会有性生殖。

（答案请见06—11页）

3 单选题。下列哪个选项"不是"有性生殖的好处?

（　）后代间的变异比较多。

（　）必须四处寻找配偶。

（　）当环境剧烈变动时，比较不容易全军覆没。

（　）较具竞争力的个体，能留下较多后代。

（答案请见08—09页）

4 连连看，下列这些动物分别采用哪种方式生产?

章鱼·　　　　　　　　　　·大翅鲸

萤火虫·　　　·卵　生·　　　·无尾熊

北极熊·　　　·胎　生·　　　·草蛉

孔雀鱼·　　　·卵胎生·　　　·拟珊瑚蛇

（答案请见12—17页）

5 比一比。比较一般卵生、卵胎生与胎生动物在下列各项目中的表现，并填入空格中。

	最高	中等	最低
一次产下的后代数目			
照顾后代的能力（鸟类除外）			
后代的存活率			

（答案请见12—17页）

6 简答题。请说明下列动物具有哪种求偶配备或是以哪种方式求偶?

1.蚕蛾＿＿＿＿＿＿＿＿＿＿＿＿＿＿＿＿＿＿

2.鲑鱼＿＿＿＿＿＿＿＿＿＿＿＿＿＿＿＿＿＿

3.军舰鸟＿＿＿＿＿＿＿＿＿＿＿＿＿＿＿＿＿

4.台北树蛙＿＿＿＿＿＿＿＿＿＿＿＿＿＿＿

（答案请见18—21页）

7 是非题。下列关于动物配对系统的描述，对的打○，错的打×。

（　）许多动物在繁殖季都采用自由配对的"混交制"。

（　）高达90％的鸟类采行"一夫一妻"的配对制度。

（　）帝企鹅是少数具有终生配对关系的鸟类。

（　）多数的哺乳动物采行"一夫多妻制"。

（　）东非狒狒和黑猩猩是以"混交制"的方式配对。

（答案请见22—23页）

8 连连看。下列这些动物各由亲代中的谁负责抚育?

达尔文蛙·　　　　　　　·父亲

负子虫·

海马·　　　　　　　·双亲

企鹅·

袋鼠·　　　　　　　·母亲

（答案请见26—29页）

9 下列哪些动物会组成"育幼群"? （多选）

（1）冠羽画眉　　（2）大象　　（3）蟾蜍　　（4）老虎

（5）抹香鲸　　（6）章鱼

（答案请见28—29页）

10 关于基因转殖，下列哪些是对的? （多选）

（　）基因转殖是将特殊基因转殖到另一种生物，可表现出这种基因的特质。

（　）可能会影响自然生态。

（　）动物克隆的技术已十分成熟，没有什么可顾虑。

（　）基因转殖可用来制药。

（答案请见32—33页）

这里有30个有意思的问题，请你沿着格子前进，找出答案，你将会有意想不到的惊喜哦！

开始！

动物的生殖方式有哪两种？
P.06

无性生殖有几种不同的方法？
P.07

哪些动物转变？

谁是动物界的超级巨婴？
P.17

为什么雄天蚕蛾的触角特别发达？
P.18

雌黑猩猩的臀部在发情期有何变化？
P.18

太棒得美牌。

为什么有些鲨鱼又称作"胎鱼"？
P.17

母象的怀孕期比人类更长吗？
P.29

人类培育了多少品种的狗？
P.32

多利羊是怎样出生的？
P.33

胎生动物在妈妈腹中如何取得成长的养分？
P.16

七彩神仙鱼的亲鱼如何照顾仔鱼？
P.29

阿德利企鹅的亲鸟外出时，谁来照顾宝宝？
P.29

颁发洲金

太厉害了，非洲金牌也是你的！

为什么鸟类的卵多呈椭圆形？
P.15

为什么陆生动物的卵会有蛋壳或胶质包覆？
P.14

白蚁蚁后平均几秒生下一颗卵？
P.13

卵胎生卵留在育有何

图书在版编目（CIP）数据

动物的生殖：大字版 / 胡妙芬撰文．—北京：中国盲文
出版社，2014.5
　　（新视野学习百科；26）
　　ISBN 978-7-5002-5045-6

　　Ⅰ．①动… Ⅱ．①胡… Ⅲ．①动物—生殖生理学—青少年读物
Ⅳ．①Q492-49

中国版本图书馆 CIP 数据核字 (2014) 第 066175 号

　　原出版者：暢談國際文化事業股份有限公司
　　著作权合同登记号 图字：01-2014-2151 号

动物的生殖

撰　　文：胡妙芬
审　　订：杨健仁
责任编辑：亢　淼
出版发行：中国盲文出版社
社　　址：北京市西城区太平街甲 6 号
邮政编码：100050
印　　刷：北京盛通印刷股份有限公司
经　　销：新华书店
开　　本：889×1194　1/16
字　　数：33 千字
印　　张：2.5
版　　次：2014 年 12 月第 1 版　2014 年 12 月第 1 次印刷
书　　号：ISBN 978-7-5002-5045-6/Q·22
定　　价：16.00 元
销售热线：（010）83190288 83190292

绿色印刷　保护环境　爱护健康

亲爱的读者朋友：

　　本书已入选"北京市绿色印刷工程—优秀出版物绿色印刷示范项目"。它采用绿色印刷标准印制，在封底印有"绿色印刷产品"标志。

　　按照国家环境标准（HJ2503-2011）《环境标志产品技术要求 印刷 第一部分：平版印刷》，本书选用环保型纸张、油墨、胶水等原辅材料，生产过程注重节能减排，印刷产品符合人体健康要求。

　　选择绿色印刷图书，畅享环保健康阅读！

北京市绿色印刷工程

物会性

P.09

雌雄同体的动物能"自体受精"吗？

P.09

什么是"孤雌生殖"？

P.10

不错哦，你已前进5格。送你一块亚洲金牌！

赢
洲金

为什么人们喜欢以鸳鸯表示夫妻？

P.22

为什么鸟类之外的卵生动物产卵数都很高？

P.24

唯一可进行孤雌生殖的蛇类是哪种蛇？

P.10

哪些动物只有雌性就能生育下一代？

P.10—11

太好了！
你是不是觉得：
Open a Book！
Open the World！

为什么蚂蚁愿意当小灰蝶幼虫的保母？

P.25

蜜蜂蜂后可控制所生子代的性别吗？

P.11

大洋
牌。

为什么有袋动物的宝宝都是早产儿？

P.27

动物界有哪些模范父亲？

P.26—27

什么是破卵齿？

P.12

物将
内孵
处？

P.13

动物界中谁是单次产卵的冠军？

P.13

获得欧洲金牌一枚，请继续加油！

孵蛋的雌鸵鸟为什么要将卵推出巢外？

P.12